**Bibliografische Information der Deutschen Nationalbibliothek:**

Die Deutsche Bibliothek verzeichnet diese Publikation in der Deutschen National-
bibliografie; detaillierte bibliografische Daten sind im Internet über http://dnb.d-
nb.de/ abrufbar.



**Impressum:**

Copyright © 2018 GRIN Verlag
Druck und Bindung: Books on Demand GmbH, Norderstedt Germany
ISBN: 9783668793248

**Dieses Buch bei GRIN:**

https://www.grin.com/document/439446

Aneta Bonev

# Leitfaden für Menschen mit Übergewicht bis hin zu Adipositas

GRIN Verlag

**Pädagogische Hochschule
Weingarten**

Wintersemester 17 / 18

# Leitfaden für Menschen mit Übergewicht bis hin zu Adipositas

Schritt für Schritt zu einer erfolgreichen und langfristigen Gewichtsreduktion mit besserer Lebensqualität als Folge.

Abgabetermin: 06.12.2017
Aneta Bonev

## Inhaltsverzeichnis

## A. Einleitende Worte

Eines der fünf Existenzbedürfnisse des Menschen ist die Ernährung. Die Suche und Sicherung der Nahrung – unserer Energiequelle – ist seit Anbeginn der Zeit eine der Haupttriebkräfte in unserem Leben.[1]

In unserer heutigen digitalisierten und schnelllebigen Zeit herrscht eine große Veränderung des Lebensstils vieler Menschen.[2] Unterwegs wird etwas vom Bäcker oder Schnellimbiss gegessen, für zu Hause werden möglichst zeitsparend zubereitbare Produkte eingekauft.[3] Es wird häufig vor dem Fernseher oder Computer gegessen. Dabei werden dem Körper *unbewusst* gewaltige Mengen an Kalorien zugeführt.[4]

Menschen verlieren immer mehr das natürliche Gefühl von Hunger und Sättigung[5] Es entsteht ein gestörtes Verhältnis zum Essen. Durch einen Energieüberschuss und Bewegungsmangel konsumieren Menschen mehr Nahrung, als der Körper verbraucht, und nehmen zu.[6] Immer mehr Menschen leiden mit steigender Tendenz an Übergewicht und Adipositas, deshalb ist dies ein ernstzunehmendes Thema.[7]

Dieser Leitfaden soll Patienten mit Übergewicht und Adipositas als Orientierungshilfe dienen. Es wird der Unterschied beider ernährungsbedingten Krankheiten erklärt und deren Ätiologie, Symptomatik, Diagnose, Therapie sowie mögliche Komplikationen und Folgeerscheinungen dargelegt.

## B. Allgemeine Merkmale von Übergewicht und Adipositas

Übergewichtung und Adipositas sind Formen der Essstörung. Dabei handelt es sich um seelisch bedingte Verhaltensstörungen im Zusammenhang der Nahrungsaufnahm.[8] Die Betroffenen essen übermäßig viel, bewegen sich wenig und es entsteht dadurch „eine über das Normalmaß hinausgehende Vermehrung des Körperfettes"[9].

In diesem Teil des Leitfadens werden die allgemeinenMerkmalen von Übergewicht und Adipositas vorgestellt.

---

[1] vgl. Bundeszentrale für politische Bildung. (o.J.)
[2] vgl. Gesundheit und Wohlbefinden. Tipps für seelisches und körperliches Wohlbefinden. (2017)
[3] vgl. Ehrenstein, C. (2017)
[4] vgl. Focus Online. (o.J.)
[5] vgl. Milojevic, Mag. L. (2017)
[6] vgl. Schulz, T. J. (2016)
[7] vgl. Simmank, J. & Riemann, J. (2017)
[8] vgl. Hofferer, M. & Fölkl, H. (2002)
[9] Deutsche Adipositas-Gesellschaft (DAG) e.V. (2015), S.2.

# 1. Diagnose und Unterscheidung

Übergewicht und Adipositas werden bei einem Body-Mass-Index (BMI) von über 25 diagnostiziert.

Dieser wird ganz einfach berechnet: Das Körpergewicht in Kilogramm geteilt durch die Körpergröße in Metern zum Quadrat.[10] Ob eine Person übergewichtig ist oder bereits einen Grad der Adipositas erreicht hat, kann anhand folgender Tabelle der Weltgesundheitsorganisation WHO entnommen werden:

| Kategorie | BMI [kg/m²] | Risiko für Folgeerkrankungen |
|---|---|---|
| Untergewicht | < 18,5 | niedrig |
| Normalgewicht | 18,5 – 24,9 | durchschnittlich |
| Übergewicht | 25 – 29,9 | gering erhöht |
| Adipositas Grad I | 30 – 34,9 | erhöht |
| Adipositas Grad II | 35 – 39,9 | hoch |
| Adipositas Grad III | ≥ 40 | sehr hoch |

**Tabelle 1: Klassifikation der Adipositas bei Erwachsenen gemäß dem BMI[11]**

Aus Gründen der Vereinfachung wird im Folgenden nur noch der Begriff „Übergewicht" benutzt, es werden damit aber sowohl Übergewicht als auch jeder Grad von Adipositas gemeint.

# 2. Ursachen

Oft beginnt Übergewicht mit dem „Versuch, Schwierigkeiten im Leben in den Griff zu bekommen, die man auf andere Art und Weise nicht bewältigen kann."[12] Dabei handelt es sich um ein komplexes Zusammenspiel unterschiedlicher Faktoren. Mögliche Ursachen von Übergewicht können genetische Dispositionen, familiäre Hintergründe, Stress, Individuelle Erfahrungen (wie Beispielsweise Hänseleien), Schlafmangel, psychische Schwierigkeiten, ein ungesunder Lebensstil oder auch die ständige Verfügbarkeit von Nahrung sein.[13] [14]

---

[10] vgl. Gerrig,R. J. & Zimbardo, P. (2015), S. 429 ff.
[11] Deutsche Adipositas-Gesellschaft (DAG) e.V. (2014), S.15.
[12] vgl. Hofferer, M. & Fölkl, H. (2002)
[13] vgl. Deutsche Adipositas-Gesellschaft (DAG) e.V. (2014), S.17.
[14] vgl. Berufsverband der Kinder- und Jugendärzte e.V. Kinder- & Jungendärzte im Netz. Ihre Haus- & Fachärzte von der Geburt bis zum vollendeten 18. Lebensjahr. (2016)

## 3. Symptomatik und Folgeerscheinungen

Das Leben übergewichtiger Menschen stellt einen Teufelskreis dar. Aufgrund der Schwierigkeit ihr Essverhalten zu kontrollieren, essen Menschen mit Übergewicht über ihren Hunger hinaus. Die übermäßige Kalorienzufuhr führt zu einem immer weiter steigenden Gewichtszuwachs. Es folgen Schamgefühle, Aktivitätsverlust und sozialer Rückzug. Durch den sozialen Rückzug fehlt es diesen Menschen an Zuwendung und sie essen aus Frust oder als Trost. Heißhungerattacken sind keine Seltenheit.
Auf diese Weise fängt der Kreislauf von vorne an.[15]

Nicht nur psychische Folgen wie beispielsweise Depressionen, Angststörungen, Minderwertigkeitskomplexe und eine verminderte Lebensqualität begleiten eine Essstörung. Durch das  starke Übergewicht und der damit verbundene extrem hohe Körperfettanteil kommt es ebenfalls zu gravierenden körperlichen Begleit- und Folgeerscheinungen.[16] Durch das „Überangebot an Glukose und den dauerhaft erhöhten Insulinspiegel sinken die Sensibilität sowie die Anzahl der Insulinrezeptoren"[17] und es entsteht ein erhöhtest Diabetes Typ 2 Risiko. Aufgrund von Überbelastung des Skeletts kommt es zu einer erhöhten Arthrose- und Unfallgefahr sowie zu Schmerzen in Gliedern und Gelenken, daher tritt Arbeitsunfähigkeit auf.  Weiterhin kann es zu koronare Herzkrankheiten, Hypertonie und Gicht kommen. Außerdem wird oft die Leberfunktion beeinträchtigt, eine sogenannte Fettleber entsteht.
Essgestörte Patienten haben Probleme mit Haut, Haaren und Fingernägeln. Das Ausbleiben der Periode ist ebenfalls häufig festzustellen, da viele Veränderungen des Hormonhaushalts stattfinden. Im schlimmsten Fall kann aufgrund von Übergewicht ein komplettes Organversagen und der Tod folgen.[18]


## C. Therapie

Übergewicht ist wie jede Krankheit keine rein körperliche Beschwerde, sondern beeinträchtigt auch die Psyche des Betroffenen. Um einen Menschen erfolgreich zu unterstützen bedarf es einer ganzheitlichen Behandlung. Eine zielführende Therapie sollte stets den Grundsatz „so wenig wie möglich und so viel wie nötig"[19] verfolgen. Bei der Behandlung von Übergewicht sind drei Therapiesäulen zu beachten: Die Ernährungs-,

---

[15] vgl. ANAD. (o.J.)
[16] vgl. Tischendorf, R., Toellner, C., Ahnert, J. & Faller, H. (2015), S. 3.
[17] Diabetes Deutschland. (2005).
[18] vgl. Deutsche Adipositas-Gesellschaft (DAG) e.V. (2014), S.19 ff.
[19] Winkter, T. (o.J.)

Bewegungs- und Verhaltensstherapie.[20] Im Folgenden wird auf die Ernährungssäule eingegangen.

## 1. Grundlagen und allgemeine Ernährungsempfehlungen

Eine erfolgreiche Ernährungstherapie basiert auf einer individuellen, zielorientierten und praxisnahen Ernährungsumstellung. Der Patient nimmt gezielt weniger zu sich als er verbraucht und nimmt dadurch ab. Die Gewichtsreduktion muss langsam und geplant durchgeführt werden, denn nur dann kann das neue Gewicht langfristig gehalten werden.[21] Allgemein lässt sich sagen, dass folgende Regeln im Zusammenhang mit einer richtigen Ernährung zu beachten sind: [22] [23]

| | |
|---|---|
| 1. Satt essen bei Hauptmahlzeiten | 5. Sparsamer Umgang mit Fett |
| 2. Wasserreiche Vorspeisen, z.B. Suppe, Salat | 6. Reduktion vom Salz- und Zuckerkonsum |
| 3. Gemüse, Obst, Hülsenfrüchte und Vollkornprodukte als Hauptbestandteil von Mahlzeiten | 7. Selber kochen |
| 4. Verzehr von Lebensmittel mit niedriger Energiedichte (vgl. dazu C Therapie, 3.) | 8. Ausreichende Flüssigkeitsaufnahme Dabei Achtung bei der Getränkeauswahl Vorwiegend: Tee, Wasser und Kaffee |

## 2. Formuladiät – Schnell zum Erfolg

Die sogenannte Formuladiät ist eine mögliche Vorgehensweise, um Übergewicht entgegenzuwirken. Bei dieser Ernährungstherapie handelt es sich um eine Mahlzeitenersatzstrategie.[24]

Es werden eiweißhaltige Nahrungssubstrate auf Basis von Milchprotein in flüssiger Form aufgenommen. In der ersten Woche wird nur Flüssignahrung zu sich genommen. Suppen, Säfte und der Diätshake stehen auf dem Speiseplan. Zwar ist das die schwerste Phase der Diät, aber auch die in der man am schnellsten Gewicht verliert. Durch die starke Gewichtsreduktion in den ersten zehn Tagen, bleibt die Motivation aufrecht.[25] Später werden täglich insgesamt maximal 1200 Kalorien in Form von hypokalorische Mischkost aufgenommen. Das bedeutet es wird auch feste Nahrung gegessen. „Leichte,

---

[20] vgl. In Form. Deutschlands Initiative für gesunde Ernährung und mehr Bewegung. (o.J)
[21] vgl. FET e.V. Fachgesellschaft für Ernährungstherapie und Prävention. (2015)
[22] vgl. DGE. (2014)
[23] vgl. Schek, A. (2013), S. 21.
[24] vgl. Nestle Health Science. (2007)
[25] vgl. Abnehmen mit Shakes. (o.J.)

kohlenhydratarme Mahlzeiten mit viel Eiweiß und Gemüse [werden] verzehrt"[26]. Die Shakes werden nach und nach durch feste Nahrung ersetzt.

Diätdrinks sind nur für den kurzfristigen Gebrauch geeignet. Mit dieser Ernährungsform wird zwar auf kurze Zeit sehr viel und schnell abgenommen, dem Körper wird jedoch keine ausreichende Nährstoffzufuhr und Sättigung gewährleisten. Um auf Dauer sein Gewicht zu reduzieren und halten zu können, ist eine Ernährungsumstellung notwendig. Der Fokus sollte also auf eine gesunde ausgewogene Ernährung gesetzt werden. Besser nimmt man etwas langsamer ab, aber dafür bewusst und ohne Jojo-Effekt als Folge. [27] Im nachfolgenden Kapitel soll eine Diätform vorgestellt werden, bei der man sich satt isst und trotzdem abnimmt.

## 3. Ernährungsumstellung auf Grundlage der Energiedichte – Schritt für Schritt zum Traumgewicht

Was ist Voraussetzung, um zu verhindern, dass der böse Jojo-Effekt zuschlägt? - Sättigung auch während der Diät. Wenn der Körper ausreichend gesättigt und mit notwendigen Nährstoffen versorgt ist, braucht er auch nicht Heißhungerattacken zubekommen oder Energiedepots anzulegen. Sättigung entsteht nicht aufgrund von Kalorien, sondern wenn der Magen gefüllt ist. Man spricht auch von dem Volumen bzw. der Energiedichte von Lebensmitteln. Unter dem Begriff Energiedichte ist die Energiemenge (in kcal / kJ), die in 100g eines Lebensmittels enthalten ist, gemeint.[28]

Das heißt, um schrittweise zu seinem Wunschgewicht zu gelangen, sollte man statt zu hungern, sich satt essen. Satt essen und trotzdem abnehmen, funktioniert auf Grundlage dieser „Energiedichte". Die Idee hinter einer Diät auf Grundlage der Energiedichte ist es, Mahlzeiten zu sich zu nehmen, die möglichst wenige Kalorien pro Gramm oder Portion besitzen, trotzdem aber den Magen füllen. Erst wenn der Magen ausreichend gefüllt ist, werden Sättigungssignale aktiviert. Auf die Energiedichte von Essen Rücksicht zu nehmen, ist keine Diät, denn es gibt keine Verbote, sondern nur einige Regeln die man zu beachten hat.

---

[26] Fit FOR FUN. (o.J.)
[27] vgl. Brigitte. (o.J.)
[28] vgl. Bi PHiT (o.J.)

Man kann Lebensmittel beispielsweise in zwei Kategorien aufteilen. Lebensmittel mit hoher und niedriger Energiedichte (siehe Tabelle).

|  | **Niedrige Energiedichte** | **Hohe Energiedichte** |
|---|---|---|
| **Energiegehalt** | Bis zu 225 kcal / 100g | Über 225 kcal / 100g |
| **Kennzeichen** | - wasserhaltige<br>- wenig konzentrierte,<br>- verdünnte<br>Lebensmittel | - konzentrierte,<br>- stark verarbeitete Lebensmittel<br>- Lebensmittel mit viel Fett und Zucker<br>- Alkohol |
| **Energiedichte** | < 2,5 kcal / g | > 2,5 kcal / g |

Eine geringere Kalorienanzahl bei Mahlzeiten kann man bereits durch kleine Änderungen auf dem Speiseplan erreichen. Viele Produkte mit hoher Energiedichte lassen sich durch andere energiedichte-arme Lebensmittel austauschen: [29]

In der vorliegenden Tabelle können einige Beispiele entnommen werden:

| **Dieses Lebensmittel** | **ersetzen durch...** |
|---|---|
| Salami, Landjäger | Lachsschinken, Gekochter Schinken, Putenbrust |
| Milch, Käse, Naturjoghurt mit vollem Fettgehalt | Milch, Käse, Naturjoghurt in den fettarmen Varianten |
| Butter | Halbfettbutter, fettarmer Frischkäse |
| Frittierter Fisch | Gebackener Fisch und Gemüse |
| Pommes frites | Ofenkartoffeln, Salzkartoffeln |
| Cremesuppe | Klare Suppe |
| **Dieses Lebensmittel** | **ersetzen durch...** |
| Croissant | Vollkornbrötchen |
| Cornflakes | Frischkornbrei mit Joghurt und Obst |
| Weißbrot | Vollkorn, Pumpernickel |
| Schinken-Käse-Sandwich mit Weißbrot | Hähnchen-Gemüse-Sandwich mit Vollkornbrot |
| Schokolade | Schokokuss, Schokoladenpudding |
| Eine Portion Sahneeiscreme | Rote Grütze mit Vanillesoße, halbe Portion Eiscreme mit Obstsalat |
| Limonade, Nektar, Saft | Wasser, ungesüßter Tee, Saftschorle |

---

[29] DGE. (2014)

Mit dem Ersetzen von bestimmten Lebensmitteln durch andere ist zwar ein großer Schritt in Richtung erfolgreichem Abzunehmen gemacht, jedoch ist die tägliche Gesamtkalorienzufuhr vor Allem zu beachten. Um Gewicht zu verlieren, benötigt man ein Kaloriendefizit. Das bedeutet, man nimmt weniger zu sich als man verbraucht. Bei stark übergewichtigen Menschen sollte der Grundumsatz als Richtlinie für die tägliche Energieaufnahme dienen, damit ein ausreichend großes Kaloriendefizit erreicht wird. Das entspricht etwa im Durchschnitt einer Gesamtkalorienzufuhr von 1700 kcal pro Tag. Täglich sollten etwa 1100 g konsumiert werden, um trotz geringer Kalorienmenge eine ausreichende Sättigung zu gewährleisten. [30] Aufgrund dessen wird bei der Lebensmittelauswahl auf eine niedrige Energiedichte und hohes Volumen geachtet der Nahrung.

## 4. Operative Eingriffe

Da das Übergewicht die Betroffenen nicht nur physisch, sondern auch psychisch beeinträchtigt, sollte „jeder Patient eine langfristige konservative multidisziplinäre Therapie erfahren"[31].

Reicht eine Ernährungsumstellung nicht aus, muss eine operative Behandlung in Erwägung gezogen werden. Die am häufigsten angewendeten Verfahren sind dabei ein verstellbares Magenband aus Silikon, ein Magenbypass oder auch der sogenannte Schlauchmagen.

Die Entscheidung, welche chirurgische Behandlungsart sich für den einzelnen Patienten am besten anbietet, wird gemeinsam mit dem zuständigen Facharzt getroffen. Er berät und klärt den Patienten über mögliche Folgen auf. Der Behandelnde wird daneben auch von einer Ernährungsfachkraft betreut. Diese bereitet den Betroffenen mit Prä-Nahrung auf die Operation vor und erläutert, was nach der Operation bei der Nahrungsaufnahme zu beachten ist. Wichtig ist bei allen drei operativen Therapieansätzen eine schonende Nahrungsweise zu führen, um Komplikationen zu verhindern. Sowohl Vor- als auch Nachbereitung der Operation gestaltet sich in mehreren Phasen, welche einige Tage bzw. Wochen dauern.[32]

---

[30] vgl. Wiedemann, C. (2010), S. 6 f.
[31] Hellbardt, M. (2012), S.649.
[32] vgl. Adipositas Gesellschaft (2010) http://www.adipositas-gesellschaft.de/fileadmin/PDF/Leitlinien/ADIP-6-2010.pdf, 08.11.2017.

# D. Fazit und Ausblick

Noch nie zuvor haben so viele Menschen an Übergewicht und Adipositas gelitten wie heute. Bereits die Reduktion des Körpergewichts um wenige Kilos würde gefährlichen Erkrankungen entgegenwirken.[33] Deshalb ist es wichtig, dass über das Thema Ernährung, Sport und Verbrauch aufgeklärt wird, um das Entstehen von übermäßigem Gewicht zu verhindern. Wenn bereits Übergewicht vorhanden ist, ist es von großer Relevanz den Betroffenen entgegenzukommen und ihnen professionelle Hilfe anzubieten. Eine Ernährungsumstellung ist der erste Schritt zur erfolgreichen Gewichtsreduktion.

Zusätzlich zu der passenden Ernährung ist regelmäßiges Sport treiben zu propagieren. Sport sollte nicht nur während der Therapie gemacht werden, sondern zur Gewohnheit werden.

Da das Übergewicht die Betroffenen nicht nur physisch, sondern auch psychisch beeinträchtigt ist es empfehlenswert, therapeutische Hilfe anzubieten. Die Überweisung an einen Therapeuten findet in der Regel über den Hausarzt statt. In der Ernährungstherapie soll ein gesundes Konsumverhalten gelernt und mentale Unterstützung eingeholt werden. Das gestörte Verhältnis zum Essen der Weltbevölkerung ist ein Hilfeschrei, der gehört und beachtet werden sollte.

---

[33] vgl. Simmank, J. & Riemann, J. (2017)

# E. Literaturverzeichnis

## 1. Literarische Quellen

## I. Literarische Quellen

| | |
|---|---|
| DGE. (2014) | DGE. (2014). Energiedichte. Biss für Biss das Körpergewicht senken. Bonn: Deutsche Gesellschaft für Ernährung. |
| Bi PHiT (o.J.) | Bi PHiT (o.J.). Erklärung Energiedichte. München |
| Gerrig, R. J. & Zimbardo, P. (2015) | Gerrig, R. J. & Zimbardo, P. (2015). Psychologie (20. aktualisierte Auflage). Hallbergmoos: Pearson. |
| Schek, A. (2013). | Schek, A. (2013). Ernährungslehre kompakt. Sulzbach: Umschau Zeitschriftenverlag, 5. aktualisierte und ergänzte Auflage. (S. 21). |
| Tischendorf, R., Toellner, C., Ahnert, J. & Faller, H. (2015) | Tischendorf, R., Toellner, C., Ahnert, J. & Faller, H. (2015). Evaluation eines Nachsorgeprogramms für Patienten mit Adipositas per magna. Unveröffentlichte Forschungsstudie, Universität Würzburg. |
| Wiedemann, C. (2010) | Wiedemann, C. (2010). Ambulante Adipositastherapie auf der Basis von Energiedichte der Lebensmittel und individueller Ernährungsumstellung. München: Fakultät für Medizin der Technischen Universität München. |

## 2. Quellen aus dem Internet
## 2.1    mit Angabe des Autors

| | |
|---|---|
| Ehrenstein, C. (2017) | Ehrenstein, C. (2017). Ernährungsreport 2017. So essen die Deutschen. Zugriff am 30.10.2017 unter https://www.welt.de/wirtschaft/article160822594/So-essen-die-Deutschen.html |
| Hellbardt, M. (2012) | Hellbardt, M. (2012). Ernährung vor und nach bariatrischen Eingriffen. Zugriff am 08.11.2017 unter https://www.ernaehrungs-umschau.de/fileadmin/Ernaehrungs-Umschau/pdfs/pdf_2012/11_12/EU11_2012_642_654.qxd.pdf |
| Hofferer, M. & Fölkl, H. (2002) | Hofferer, M. & Fölkl, H. (2002). Wenn Essen zum Problem wird! Essstörungen bei Kindern und Jugendlichen. Zugriff am 30.10.2017 unter https://www.familienhandbuch.de/gesundheit/ernaehrung-probleme/wennessenzumproblemwird.php |
| Milojevic, Mag. L. (2017) | Milojevic, Mag. L. (2017). Hunger, Appetit und Sättigung. Zugriff am 22.10.2017 unter http://www.essperiment.at/images/stories/Hunger_Appetit_und_Saettigung.pdf |
| Schulz, T. J. (2016) | Schulz, T. J. (2016). Deutsches Institut für Ernährungsforschung Postdam-Rehbrücke. Potsdam: Tim Julius Schulz nimmt Ruf auf die W2-Professur „Fettzell-Entwicklung und Ernährung" an. Zugriff am 22.10.2017 unter http://www.dife.de/presse/pressemitteilungen/?id=1363&lang=de |
| Simmank, J. & Riemann, J. (2017) | Simmank, J. & Riemann, J. (2017). Übergewicht. Fast jeder dritte Mensch ist dick. Zugriff am 04.11.2017 unter http://www.zeit.de/wissen/gesundheit/2017-06/übergewichte-studie-fettleibigkeit-gesundheit-folgen |

Winkter, T. (o.J.)

Winkter, T. (o.J.). Konservative Medikamentöse Therapie. Zugriff am 02.11.2017 unter http://www.dr-thomas-winkler.at/leistungen/konservative-medikamentoese-therapie.html

## 2.2      ohne Angabe des Autors

Abnehmen mit Shakes. (o.J.)

Abnehmen mit Shakes. (o.J.). Formula-Diäten bei Adipositas?. Almased bei einem BMI ab 30. Zugriff am 02.11.2017 unter https://abnehmen-mit-shakes.de/formula-diaeten-bei-adipositas/

Adipositas Gesellschaft (2010)

Deutsche Adipositas-Gesellschaft (DAG). Deutsche Gesellschaft für Psychosomatische Medizin und Psychotherapie . Deutsche Gesellschaft für Ernährungsmedizin. (2010). S3-Leitlinie: Chirurgie der Adipositas. Zugriff am 12.11.2017 http://www.adipositas-gesellschaft.de/fileadmin/PDF/Leitlinien/ADIP-6-2010.pdf

ANAD. (o.J.)

ANAD. (o.J.). Adipositas (Fettleibigkeit). Zugriff am 30.10.2017 unter https://www.anad.de/essstoerungen/uebergewicht-adipositas/

Berufsverband der Kinder- und Jugendärzte e.V. Kinder- & Jungendärzte im Netz. Ihre Haus- & Fachärzte von der Geburt bis zum vollendeten 18. Lebensjahr. (2016). Bundeszentrale für politische Bildung. (o.J.)

Berufsverband der Kinder- und Jugendärzte e.V. Kinder- & Jungendärzte im Netz. Ihre Haus- & Fachärzte von der Geburt bis zum vollendeten 18. Lebensjahr. (2016). Übergewicht (Fettsucht / Adipositas) Zugriff am 30.10.2017 unter https://www.kinderaerzte-im-netz.de/krankheiten/uebergewicht-fettsuchtadipositas/ursachen/

Bundeszentrale für politische Bildung. (o.J.). Grundbedürfnisse. Existenzbedürfnisse, Existenzminimum. Zugriff am 22.10.2017 unter http://www.bpb.de/nachschlagen/lexika/lexikon-der-wirtschaft/19557/grundbeduerfnisse

Brigitte. (o.J.)

Brigitte. (o.J.). Wie gut sind Diät-Shakes wirklich?. Zugriff am 04.11.2017 unter http://www.brigitte.de/gesund/ernaehrung/oeko-test--wie-gut-sind-diaet-shakes-wirklich--10137864.html

Deutsche Adipositas-Gesellschaft (DAG) e.V. (2014)

Deutsche Adipositas-Gesellschaft (DAG) e.V., Deutsche Diabetes Gesellschaft (DDG), Deutsche Gesellschaft für Ernährung (DGE) e.V. &Deutsche Gesellschaft für Ernährungsmedizin (DGEM) e.V. (2014). Interdisziplinäre Leitlinie der Qualität S3 zur „Prävention und Therapie der Adipositas". Zugriff am 30.10.2017 unter http://www.adipositas-gesellschaft.de/fileadmin/PDF/Leitlinien/050-001l_S3_Adipositas_Praevention_Therapie_2014-11.pdf, S.15.

Diabetes Deutschland. (2005)

Diabetes Deutschland. (2005). Hoher Diabetesrisiko durch Fettsucht (Adipositas). Zugriff am 30.10.2017 unter http://www.diabetes-deutschland.de/archiv/5006.htm

FET e.V. Fachgesellschaft für Ernährungstherapie und Prävention. (2015)

FET e.V. Fachgesellschaft für Ernährungstherapie und Prävention. (2015). Adipositas – Ernährungstherapie: Allgemeines. Zugriff am 02.11.2017 unter https://fet-ev.eu/adipositas-ernaehrungstherapie-allgemeines/

Fit FOR FUN. (o.J.)

Fit FOR FUN. (o.J.). DIE 4 PHASEN DER SHAKE-DIÄT!. Zugriff am 02.11.2017 unter http://www.fitforfun.de/abnehmen/almased-abnehmen-per-eiweiss-shake-klappt-das_aid_8400.html

Focus Online. (o.J.)

Focus Online. (o.J.). Erfolgreich abnehmen. Beim Essen nicht fernsehen. Zugriff am 30.10.2017 unter

|  | http://www.focus.de/gesundheit/ernaehrung/abnehmen/psychotricks/ue<br>bergewicht_aid_261938.html |
| Gesundheit und Wohlbefinden. Tipps für seelisches und körperliches Wohlbefinden. (2017) | Gesundheit und Wohlbefinden. Tipps für seelisches und körperliches Wohlbefinden. (2017). Die Digitalisierung der Gesellschaft und ihre Auswirkungen. Zugriff am 22.10.2017 unter http://www.gesundheit-und-wohlbefinden.net/die-digitalisierung-der-gesellschaft-und-ihre-auswirkungen/ |
| In Form. Deutschlands Initiative für gesunde Ernährung und mehr Bewegung. (o.J) | In Form. Deutschlands Initiative für gesunde Ernährung und mehr Bewegung. (o.J). Therapie bei Übergewicht und Adipositas. Zugriff am 02.11.2017 unter http://www.station-ernaehrung.de/wissenswertes/spezielle-kostformen/uebergewicht-adipositas/therapie/ |
| Nestle Health Science. (2007) | Nestle Health Science. (2007). OPTIFAST. Programme. Prävention und Therapie der Adipositas. MEHR LEBENSQUALITÄT DURCH WENIGER GEWICHT. Zugriff am 02.11.2017 unter https://www.nestlehealthscience.de/asset-library/documents/optifast/service/optifast%20wissenschaftliche%20brosch%C3%BCre%20-%20kopie.pdf |


## 3. Bildquellen


| Abb. 1: Gewichtsklassen bei Erwachsenen + BMI | Zugriff am 02.11.2017 unter https://www.welt.de/gesundheit/article136029365/Wer-glaubt-Dicke-leben-laenger-der-irrt-gewaltig.html |

# BEI GRIN MACHT SICH IHR WISSEN BEZAHLT

- Wir veröffentlichen Ihre Hausarbeit,
  Bachelor- und Masterarbeit

- Ihr eigenes eBook und Buch -
  weltweit in allen wichtigen Shops

- Verdienen Sie an jedem Verkauf

## Jetzt bei www.GRIN.com hochladen und kostenlos publizieren